Eiko Weigand

Kann man Katzen erziehen?

Ein humorvoller Ratgeber
zum Thema Katze

1. Auflage 2016
Verlag Weigand-Bücher

www.weigand-buecher.de

ISBN 978-3-945258-07-1

INHALT

Vorwort

Ein Buch über Katzen? Erst zwei Bücher über Hunde, jetzt eins über Katzen? Das ist ungewöhnlich. „Ist der denn nun Hunde- oder Katzenexperte?“, mag sich der ein oder andere fragen. Nun, zum Experten wird man, wenn man sich mit einem Thema intensiv befasst. Aber es ist natürlich, sagen wir mal: selten. Normalerweise sind Menschen entweder Katzen- *oder* Hundefreunde. Und diese beiden Gruppen trennen Welten, charakterlich und was die Einstellung zum Leben und den Mitmenschen angeht. So zumindest das dazugehörige Klischee.

Den Hundefreunden wird nachgesagt, sie seien Gruppenwesen, an sozialem Zusammenhalt interessiert und hätten ein hierachisch-autoritäres Weltbild. Letzteres hören sie nicht so gerne, es ist aber auch weder sehr freundlich, noch wirklich zutreffend.

Die Katzenliebhaber gelten eher als individualistisch, freiheitsliebend und vielleicht ein wenig verspielt - so sehen sie sich auch selber gerne. Weniger positiv hieße das einzelgängerisch, egoistisch und chaotisch - auch nicht sehr freundlich.

Nun, um die Sache abzukürzen - Sie haben es sich bestimmt schon gedacht - ich bin beides, Hunde- und Katzenfreund.

Und so wie um einen Hund, muss man sich natürlich auch um eine Katze kümmern. Sie versorgen, füttern, mit ihr spielen, schon im eigenen Interesse dafür sorgen, dass sie ihr Geschäft immer an derselben, dafür vorgesehenen Stelle erledigt, sie davon abhalten, die Möbel zu zerlegen, und, und, und. Ja, es führt kein Weg daran vorbei, auch eine Katze muss erzogen werden.

Nicht wenige finden allerdings den Ausdruck „Erziehung" im Zusammenhang mit ihrer Katze so ganz und gar unpassend, gerade weil sie die „katzentypischen" Eigenschaften frei, individualistisch und eigenwillig so schätzen. Man kann das Ganze ja auch einfach anders ausdrücken: seine Katze mit Einfühlungsvermögen, Vorsicht und Liebe zu einem WG-tauglichen Mitbewohner machen. Denn eine Wohngemeinschaft gehen Sie ein, wenn Sie sich eine Katze anschaffen. Sie müssen Ihrer Katze also den ein oder anderen geeigneten Tipp geben, wie Sie sich ein Zusammenleben vorstellen.

Wie vehement oder zurückhaltend Sie bei diesem Tipp-Geben sind, ist Geschmackssache, kann je nach Katze und Katzenhalter sehr verschieden und trotzdem erfolgreich sein.

Warum eine Katze?

Ja, warum eigentlich?

Es gibt ja eine Menge Haustiere, die zur Auswahl stehen. Da sind Hunde, Vögel, Schildkröten, Exotisches wie Schlangen und Echsen, Kleinsäuger und sonstiges Getier. Auch Pferde sind klasse, wenn man eine entsprechend geräumige Wohnung hat. Warum also eine Katze?

Nur in den seltensten Fällen geht es den Katzenbesitzern wohl darum, die Anzahl der Mäuse in ihrem Heim zu verringern - obwohl das ja wirklich ein guter Grund ist. Zumindest unsere Vorväter und -mütter waren hocherfreut, dass Katzen ihre Lebensmittel gegen die lästigen Mitesser verteidigten. Die Mäusehaltung in Speisekammer, Keller und Küche ist allerdings ziemlich aus der Mode gekommen und wird nur noch von einigen wenigen Nostalgikern praktiziert. Heutzutage kauft man sich die Mäuse, einen Käfig, spezielles Futter und achtet peinlichst genau auf eine angemessene Familienplanung.

Überhaupt sind Kleinnager, wie Meerschweinchen, Kaninchen, Hamster, Spring-, Renn- und sonstige Mäuse recht beliebt, aber eine innige Beziehung wie zu einer Katze, ist nur schwer vorstellbar.

Hunde sind statistisch gesehen noch beliebter. Ein Hund hilft bei der Jagd, hütet die Herde, bewacht das Grundstück und vertreibt den Briefträger. Gut, das ist nicht unbedingt das, was ein Katzenliebhaber von seinem Haustier erwartet. Und abgesehen davon, dass Hunde ausge-

sprochen reizende Geschöpfe sein können, ist man bei ihrer Erziehung darauf angewiesen, ihnen keinesfalls zu viel eigenen Willen zu lassen. Andernfalls wachsen sie einem über den Kopf und werden unter Umstän-

den sogar gefährlich. Das ist bei einer Katze anders. Ihr billigt man jederzeit einen „eigenen Kopf“ zu.

Vielleicht ist die Frage „Warum eine Katze?“ ja auch völlig überflüssig. Katzen sind so reizend, ihre fließenden Bewegungen so anmutig, sie sind echte Individualisten und trotzdem so anschmiegsam und kommunikativ, so kuschelig und verschmust ... man folgt einfach seinem Gefühl, braucht gar keine Gründe ... hoppla, das waren ja schon mal so einige. Aber es gibt noch mehr. Eine Katze hat etwas von einem Mitbewohner. Sie braucht längst nicht so viel Aufmerksamkeit wie das Familienmitglied Hund. Man wohnt mit ihr zusammen und bei aller Vertrautheit, hat sie doch ihren eigenen Plan, ihre Eigenständigkeit. Sie ist kein Anhängsel, sondern ein Gegenüber.

Diese leichte Distanz macht sie so angenehm im Umgang. Gut, es gibt auch ungeheuer anhängliche Katzen oder - unfreundlicher ausgedrückt - schrecklich aufdringliche. Aber erstens ist das doch sehr selten und zweitens schläft eine Katze bis zu 18 Stunden am Tag, das relativiert das Ganze schon wieder.

Für mich ist aber noch etwas anderes sehr entscheidend: Ich kenne keine anderen Tiere, die besser genießen können. Und wir Menschen mit unserer Empathie können an dieser überragenden Fähigkeit, sich schnurrend so ungeheuer wohlzufühlen, teilhaben - vielen Dank, liebe Katzen.

Also, was tun?

Wenn Sie sich für eine Katze entscheiden, sollten Sie die katzentypischen Eigenschaften lieben, dieses etwas eigenwillige Wesen, dieses Nicht-Kommen, weil man sie ruft, sondern weil sie Lust dazu hat.

Katzen sind gesellige Einzelgänger. Sie sind kommunikativ und ausgesprochen gerne mit ihren Menschen zusammen - wie oft und wie lange, wollen sie aber selbst bestimmen. Sie haben ihre Gewohnheiten und sind verwurzelt mit ihrer vertrauten Umgebung - mit Katzen auf Reisen zu gehen, ist keine gute Idee. Sie sind neugierig, verspielt, verschmust, voller witziger Einfälle - einfach wunderbare Mitbewohner. Und - sehr wichtig - man sollte ihnen auf keinen Fall mehr Vorschriften machen, als unbedingt nötig.

Eine Katze kommt ins Haus

Zuerst ..., nein besser noch davor: Wollen Sie überhaupt eine Katze? Oder besser formuliert: Sollten Sie eine Katze haben? Es genügt nämlich nicht, Katzen zu lieben, sie müssen auch zu Ihrem Leben passen. UND zu Ihrer Familie, Ihrem Partner, Ihrem Beruf, Ihrem Nervenkostüm, Ihrem ... usw. Können Sie sich angemessen um das Tier kümmern, haben Sie genug Zeit und - wichtig - auch genug Geduld? Hat vielleicht jemand aus der Familie eine Katzenallergie oder wird „verrückt", wenn überall Katzenhaare sind? Treffen Sie keine Entscheidung, ohne sich über die Tragweite der Entscheidung im Klaren zu sein - immerhin ist die Lebenserwartung einer Katze bis zu 20 Jahre. Das ist eine lange Zeit.

Auf der anderen Seite sind ja oft die spontanen Entscheidungen, die aus dem Bauch heraus, die richtigen und die lange abgewogenen erweisen sich als wohlüberlegter Unsinn.

Am besten hören Sie auf Ihr Herz *und* Ihren Verstand - zusammen können sie sich nicht irren (oder wenigstens nicht so leicht).

Dann stellt sich die Frage: Kaufen oder Tierheim? Je nach dem, würde ich sagen. Es gibt natürlich auch noch andere Möglichkeiten. Manchen Menschen laufen Katzen einfach zu. Die scheinen dafür geradezu prädestiniert zu sein. Das sind oft ruhige, liebenswürdige Menschen, die gerne kraulen und streicheln, allerdings dem Interesse vieler Katzen nach Ungebundenheit mit freundlicher Unaufdringlichkeit entgegen kommen und bei denen man als Katze mit etwas Maunzen auch mal was zu Essen bekommt. Wieder andere leben auf dem Lande und da gibt es fast immer einen Bauern, der aus einem Wurf ein Junges abzugeben hat.

Doch die üblichsten Alternativen sind wohl: eine kleine Rassekatze vom Züchter oder ein erwachsenes Tier aus dem Tierheim.

Für beide Varianten gibt es gute Argumente. Mit einem kleinen Kätzchen von Anfang an zusammenleben, miterleben, wie es die Welt entdeckt, wie es mit der Zeit langsam - manchmal ziemlich langsam - verständiger wird, ist einfach wunderbar und hat große Ähnlichkeit mit Elternglück. Allerdings auch mit Elternstress. Denn es heißt, viel Zeit aufbringen, ständig aufmerksam sein, das ein oder andere Malheur mit sorgfältig unterdrücktem Ärger beseitigen. Und nicht zuletzt: Völlig stubenrein ist so ein Kätzchen auch nicht automatisch.

Da hat man mit einer Katze aus dem Tierheim weniger Probleme. Gut, die Eingewöhnungszeit ist manchmal schwierig, aber sie hat die Sauberkeitserziehung erfolgreich absolviert, ist damit vertraut, nicht an Möbeln ihre Krallen zu schärfen, weiß, dass man Topfpflanzen im Topf lassen soll ... So hofft man zumindest.

Meist ist es wohl so, kann aber auch alles ganz anders kommen. Die Erziehungsfehler der Vorbesitzer ausbaden, ist unter Umständen sehr anstrengend. Doch es ist natürlich eine gute Tat, einer Katze aus dem Tierheim ein neues Zuhause zu geben.

Also, was tun?

Schauen Sie genau hin und entscheiden Sie sich dann für das, was wirklich passt. Ein kleines Kätzchen ist so süß! Das ist es, keine Frage, aber schätzen Sie sich selbst, Ihr Zeitkonto und Ihre Belastbarkeit richtig ein. Bei einem Kätzchen ist es wichtig, es nicht zu früh zu sich zu holen, es sollte frühestens im Alter von zwölf Wochen sein. Die ersten Impfungen und Entwurmungen sollten dann auch schon absolviert sein und man hat sich der Frage nach einer eventuellen Kastration zu stellen. Katzen sind schon mit vier Monaten geschlechtsreif und können trächtig werden - da entsteht unter Umständen Handlungsbedarf.

Haben Sie sich einen Kater ausgesucht, hat vor allem die unkastrierte Variante eine unangenehme Überraschung für Sie parat. Kater markieren ihr Revier mit einem speziellen Duftstoff, der den Wortteil

„Duft" nach menschlichem Ermessen völlig zu Unrecht hat. Wenn das Markieren draußen passiert - sei´s drum. In der Wohnung ist es nur schwer erträglich. Dieses Verhalten hört nach einer Kastration meist auf. Aber sicher ist das nicht, weder bei kastrierten Katern noch bei Katzen, denn die markieren leider auch manchmal.

Bei einer erwachsenen Katze aus dem Tierheim - oder auch einer, die „umständehalber" abgegeben wird - sollten Sie sich das Tier genau anschauen und z. B. Mitarbeiter des Tierheims nach dessen Verhalten befragen. Die können das meist sehr gut einschätzen.

Und lassen Sie sich und Ihrer neuen Katze genug Zeit für eine behutsame Eingewöhnung.

Kann man Katzen erziehen?

Natürlich! ...

Gut, vielleicht sollte ich hier ein bisschen ausführlicher sein.

Vor der Frage „Kann man Katzen erziehen?", sollte man sich die Frage stellen: Will ich das denn überhaupt?

Das scheint vielleicht auf den ersten Blick etwas verwunderlich, natürlich will jeder eine liebe und pflegeleichte Katze haben, deren Neigung, Unsinn zu machen, nicht besonders ausgeprägt ist. Aber gleich erziehen? Hatte man sich denn nicht für eine Katze als Haustier entschieden, weil die so schön eigensinnig sind? Und unterstellt der Katzenfreund seinem Tier nicht erst mal, dass es einfühlsam ist, von alleine das Richtige tut, bzw. im Umkehrschluss, was die Katze auch tut, es wird schon das Richtige sein?

Das ist wohl etwas sehr romantisch gedacht. Diese traumwandlerische Selbstverständlichkeit im Umgang, dieses natürliche Verständnis von Nähe und Distanz, dieses untrügliche Gespür für genau das Richtige zur richtigen Zeit am richtigen Ort ist zwar bei Katzen vorhanden - und einige Exemplare haben erstaunlich viel von diesen wunderbaren Eigenschaften - aber bei weitem nicht alle und noch weniger immer und schon gar nicht, wenn sie jung und unbedarft sind. Einem kleinen Kätzchen muss man schon genügend Tipps geben, was das angemessene Benehmen angeht. So hat die eben geschilderte „ideale Katze" wahrscheinlich in ihrer Kindheit und Jugend eine liebevolle Einweisung in die Geheimnisse der menschlichen Vorlieben, Abneigungen, Wünsche und Merkwürdigkeiten bekommen. Und sie hat es geschafft, diese Erkenntnisse in ihr Verhalten einzubauen. Das kommt allen Beteiligten zu Gute.

Aber warum beherrschen Katzen diesen gekonnten Umgang mit Menschen so gut? Nun, die gemeinsame Geschichte von Mensch und Katze dauert jetzt schon gut 10.000 Jahre - grob gerechnet. Es heißt, im alten Ägypten wären die Anfänge zu suchen oder im alten China oder im alten Mesopotamien, genau gesagt, man weiß es nicht so genau.

Es hat auf jeden Fall damit zu tun, dass der Mensch vom Jäger und Sammler zum Bauern mutierte. Und so entwickelte sich eine naheliegende Liebesbeziehung: Menschen haben Getreidevorräte, die ihr Überleben sichern - Mäuse fressen Getreide, und zwar alles, wenn man sie lässt - Katzen fressen Mäuse und haben sich dadurch bei den Menschen ungeheuer beliebt gemacht.

Urahnin der heutigen Katze ist die sogenannte Falbkatze. An dieser wurde allerdings im Laufe der Zeit mit Leidenschaft herumgezüchtet, wie wir das so tun mit unseren Haustieren. So hat neben dem Zusammenleben mit uns Menschen, zu dem naheliegenderweise nur die anpassungsfähigen und -willigen Wildkatzen bereit waren, die Zucht die Katzen nachhaltig geprägt. Man nimmt dafür die intelligentesten und hübschesten oder die erfolgreichsten Mäusejäger, die Größten oder Kleinsten - je nach Wunsch - auf jeden Fall die menschenfreundlichsten Exemplare. So entstanden die verschiedenen Katzenrassen, deren Bandbreite im Erscheinungsbild allerdings nicht ansatzweise so groß ist, wie die der Hunde. Mit andern Worten: Alle Katzenrassen haben noch große Ähnlichkeit mit ihren Vorfahren den Falbkatzen - der Hund mit seinen Ahnen, den Wölfen, bei einigen Rassen nicht mehr im Geringsten.

Ist Ihnen das schon mal aufgefallen, dass so eine Katze ganz schön klein ist? Mäuse würden diese Aussage zwar nicht unterschreiben, aber im Vergleich zum Menschen ist sie nicht gerade groß. Mein Gott, werden Sie jetzt vielleicht anmerken, schreibt der Autor interessante Neuigkeiten. Gut, originell ist die Feststellung mit dem Größenunterschied nicht, aber wenn man sich in die Position der Katze hineindenkt, man wäre das kleine, niedliche Anhängsel eines Wesens, das 10-mal so groß und 20- bis 30-mal so schwer ist, dann sieht die Sache schon anders aus. Denn dieses Wesen ist nicht nur irrsinnig stark, es könnte einen fünf Meter hochwerfen, sein Mund ist fast so groß wie der eigene Kopf und seine

Pranken wie der ganze Bauch. Es hat zudem übernatürliche Kräfte - mittels eines Schalters kann es z. B. mitten in der Nacht Tag werden lassen - es ist Herr über schier unermessliche Nahrungsressourcen und als einziges in der Lage, deren Schalen aus Metall zu öffnen. Ein dermaßen überlegenes Wesen, würde uns Menschen schon mächtig Respekt einflößen. Wir wären wahrscheinlich außerordentlich ängstlich und unterwürfig.

Um so erstaunlicher ist die Katze. Gut, es gibt natürlich auch zurückhaltende und schüchterne Vertreter, z. B. die, die mit Menschen schlechte Erfahrungen gemacht haben. Die meisten aber haben vollstes Vertrauen in deren Gutartigkeit, sind weder ängstlich, noch zweifeln sie in irgendeiner Weise an der Rechtmä-

ßigkeit ihrer Ansprüche gegenüber ihren menschlichen Mitbewohnern - oder anders gesagt: Für die große Mehrheit der Hauskatzen ist es pure Selbstverständlichkeit, gut behandelt zu werden.

Mit Menschen ist gut Kirschen essen - das haben Katzen im Laufe des Zusammenlebens mit uns gelernt.

Erziehung ist übrigens auch nichts anderes als Lernen und zwar Lernen, wie man sich zu benehmen hat, damit dieses Zusammenleben gut klappt. Das passiert in ganz kleinen alltäglichen Schritten. Angenommen Ihre Katze soll nicht auf den Esstisch, so ist Ihre Reaktion z. B. ein Zischlaut oder ein unfreundliches, langgezogenes „Nein". Wenn das nicht hilft, hilft man der Katze vom Tisch - das sollte keinesfalls wehtun, sich aber auch nicht zu kuschelig anfühlen. Es dauert nicht lange und sie hat es begriffen: „Ich soll nicht auf den Tisch gehen." Oder: „Ich sollte nicht auf den Tisch gehen, wenn mein Mensch in der Nähe ist." Das ist zumindest ein halber Erfolg.

Etwas schwieriger wird es, wenn Sie es manchmal sehr stört, dass die Katze auf den Tisch klettert - dann weisen Sie sie entsprechend zurecht - ein anderes Mal ist es Ihnen aber herzlich egal. Sie sind müde

oder abgelenkt oder zu gut gelaunt, um zu schimpfen. Was lernt eine Katze daraus? Manchmal darf ich auf den Tisch und manchmal nicht und mein Mensch ist unberechenbar. Das ist an sich nicht gut. Aber z. B. nur halb so schlimm wie bei einem Hund. Der wäre schwer irritiert und würde vielleicht sogar Verhaltensstörungen bekommen. Eine Katze eher nicht, schließlich kennt sie sich mit Launen und Stimmungsschwankungen aus. Trotzdem ist es natürlich wesentlich besser, konsequent zu sein, es macht vieles einfacher.

Ebenfalls ist es besser, freundlich statt unfreundlich zu sein oder anders gesagt: lieber loben als schimpfen. Das Prinzip der positiven Verstärkung funktioniert bei Katzen ähnlich gut wie bei Hunden. Eine

Belohnung wirkt ungemein motivierend - ob Loben, Streicheln, Leckerli - aus Sicht der Katze am besten alles. Man kann das auch üben, in kleinen Einheiten, wenn du dies und jenes machst, gibt es ein Leckerli. Andere führen einen sogenannten Clicker ein, ein Gerät, das - wer hätte das gedacht - klick macht und dessen klickendes Geräusch mit positiven Assoziationen verbunden wird. Das klappt alles überraschend gut. So gut, dass man sich fragt, ist das schon Dressur? Also, wie weit man diesen Weg gehen mag, ist, wie so Vieles, Geschmackssache.

Vorhin habe ich den „halben Erfolg" erwähnt - bei vielen Katzenhaltern bleibt es dann auch dabei. Um bei dem Beispiel des Esstischs zu bleiben: Die Katze ist mit der Zeit so diplomatisch, ihren Menschen nicht zu provozieren, indem sie vor seinen Augen auf den Tisch klettert. Und bei dessen Abwesenheit ist sie klug und geschickt genug, keine Spuren zu hinterlassen - Katzen können das.

Auf längere Sicht verliert es dann auch seinen Reiz, denn so ein Esstisch ist ja hauptsächlich wegen des darauf stehenden Essens interessant. Aber wenn der Mensch weg ist, ist es auch das Essen. Nicht nur Katzen sind lernfähig, Menschen auch.

Einige Katzenhalter gehen so weit, ihren ganzen Haushalt „katzensicher" zu gestalten, also z. B. alles Umstoßbare zu befestigen oder aus dem Wohnbereich zu verbannen. Je nach Katze halte ich das für übertrieben, nicht zuletzt, weil ich meine, dass sich meine Katze eher mir anpassen sollte, als umgekehrt.

Zusammenfassend kann man sagen, das meiste spielt sich ein, zumindest bei den meisten Katzen. Und meist ist das, was sich da einspielt, ganz wunderbar und auf seine eigene Art ganz besonders.

Es gibt darüber hinaus noch Tricks der verschärften Erziehung. Das Spritzen mit einem auf Strahl eingestellten Blumensprüher bzw. einer Wasserpistole wird von einigen Katzenratgebern empfohlen. Vorzugweise aus einem Versteck heraus, sodass die Katze meint, die „Strafe" käme nicht vom Menschen, sondern sei eine kausale Folge der verbotenen Handlung.

Mir persönlich ist der Gedanke eher unsympathisch, weil ich es so genau nachvollziehen kann, wie unangenehm sich das für eine Katze anfühlt - erstens dieser Schreck und dann auch noch Wasser! Aber wirklich Schaden nimmt eine Katze wohl nicht. Wem das also keine Bauchschmerzen bereitet und wessen Katze das durch entsprechende Dickfelligkeit geradezu herausfordert, der kann dieses Erziehungsmittel - aber bitte nur zur Not - einsetzen.

Also, was tun?

Es gibt Menschen, für die ist eine Katze - zumindest die eigene - die Inkarnation einer ägyptischen Königin oder Vergleichbares und insofern mit entsprechender Ehrfurcht zu behandeln. Für andere ist eine Katze so etwas wie ein Hund mit anderen Mitteln, sie soll gefälligst gehorchen.

Allgemeine Ratschläge sind also etwas schwierig. Dem einen sei gesagt, eine Katze verträgt das Autoritäre nicht gut, sie ist KEIN Hund. Andererseits sollten Sie durchaus klar machen, dass Sie das Sagen in Ihrer Wohngemeinschaft haben.

Es geht bei der Katzenerziehung nicht nur um die Erziehung von Katzen ... Hört sich das paradox an? Ja, irgendwie schon. Was ich damit meine: Es geht auch um Sie. Sollten Sie sich selbst erziehen? Vielleicht ein bisschen. Nur drückt man das heutzutage anders aus: Man arbeitet an sich oder man wird sich seiner Rolle bewusst. Im Zusammenspiel mit Ihrem Haustier sind Sie der Tonangebende: Sie stellen die Behausung, Sie schaffen das Futter heran, Sie sorgen für Sicherheit und Gesundheit, Sie sind größer, stärker und klüger als Ihre Katze. Sie können also durchaus selbstbewusst sein. So eine innere Haltung überträgt sich.

Natürlich will man seine Katze auch verwöhnen, aber zu viel davon macht eine Katze mäkelig und launisch - eben verwöhnt - und nimmt ihr die Chance, das, was sie an Ihnen hat, wirklich zu würdigen.

Es ist weder gut, zu mild zu sein, wenn man eigentlich ärgerlich ist, noch ist es ratsam, aus pädagogischen Motiven streng zu sein, wenn einem das Autoritäre überhaupt nicht liegt. Wenn Sie anders handeln, als Sie fühlen, wird es Ihr Tier verwirren. Katzen haben großes Einfühlungsvermögen. Es mag sich etwas platt anhören: Das Beste ist es, authentisch zu sein.

Eins noch zum Schluss - ich hätte es fast vergessen, so selbstverständlich ist es in der Erziehung von Katzen und anderen Haustieren: Eine Reaktion auf ein Fehlverhalten muss immer SOFORT sein. Katzen haben kein Gedächtnis in unserem Sinne, aus zeitlichem Abstand haben Tat und die Reaktion darauf keinen Zusammenhang. Auf eine zerbrochene Vase zu zeigen und dann schimpfen - das kann eine Katze beim besten Willen nicht verstehen. Also, wenn Sie nicht dabei waren, Ärger runterschlucken - was vorbei ist, ist vorbei.

Draußen oder drinnen?

Ist das eine grundsätzliche Frage? An sich nicht. Oft nur einfach eine Folge der Umstände, in denen Sie und Ihre Katze leben, ob in einer abgelegenen Gegend auf dem Lande auf einem Anwesen mit schlossparkähnlichem Gelände drum herum, oder direkt an einer Autobahn. Auf der gegenüberliegenden Straßenseite sind wahlweise die rolligsten Katzen bzw. die attraktivsten Kater, die man sich denken kann, und ansonsten noch ein geruchsintensiver Fischladen. Ja ja, bei Extremen kann man sich einfach entscheiden. Aber leider wohnen die meisten von uns weder in in einem Schloss mit Park noch - Gott sei Dank - neben der Autobahn, sondern irgendetwas dazwischen.

Für viele ist es klar: „Meinem Kätzchen könnte etwas passieren, es könnte z. B. überfahren werden, die anderen Katzen sind auch nicht immer nett - besonders Kater untereinander können sich bei Revierkämpfen böse Verletzungen zufügen.“ Die Sorgen sind keineswegs unberechtigt, zum Überfahren kann man dann noch Vergiften (Rattengift) oder auch Erschießen (Jäger) hinzufügen. Es besteht also kein Mangel an triftigen Gründen, sich Sorgen zu machen. Die Beruhigung, Katzen wären ja intelligent, hätten scharfe Sinne und großes Geschick in allen Lebenslagen, hilft da nur wenig.

Dasselbe gilt für die Aussage, Katzen hätten sieben Leben. Das bezieht sich nämlich auf ihre Fähigkeit beim Fallen aus großer Höhe, sich in der Luft so zu drehen, dass sie immer auf den Füßen landen - und das meist ohne Verletzungen.

Im Gegensatz dazu ist ihr Verhalten im Straßenverkehr alles andere als souverän. Anders als z. B. Krähen, die ganz erstaunlich genau einschätzen können, wie schnell sich ein Auto bewegt und die gar nicht daran denken, sich totfahren zu lassen, scheint es bei Katzen eher glücklicher Zufall zu sein, wenn ihnen nichts passiert.

Außerdem gibt es noch einen ganz anderen Grund, Katzen nicht nach draußen zu lassen: Sie haben die unschöne Angewohnheit, Singvögel zu jagen - auch völlig ohne Hunger und leider sehr oft mit Erfolg.

Doch trotz all dieser Einwände, viele Katzenbesitzer sind der festen Überzeugung: „Meine Katze darf und soll nach draußen. Das ist artgerecht, mit anderen Katzen in freier Natur zusammen zu sein. Es ist das Recht einer Katze, in Freiheit zu leben."

Könnte man nur die Katzen fragen - kann man aber leider nicht. Oder vielleicht doch Gott sei Dank? Denn besonders wohldurchdacht wären die Antworten wahrscheinlich nicht. Aspekte wie vorausschauende Vorsicht sind einer Katze ebenso fremd wie der Begriff der Freiheit.

Freiheit ist ein menschlich emotionales oder auch intellektuelles Bedürfnis. Das Bedürfnis der Katze ist es, ihren natürlichen Instinkten zu folgen - dazu gehört natürlich der Wunsch nach körperlicher Bewegungsfreiheit. Welche „unnatürlichen" Gefahren dabei auf sie lauern, übersteigt ihren Horizont. Aber das eine ist klar: Lässt man die Katze entscheiden, wird sie aller Wahrscheinlichkeit nach einen Gutteil des Tages draußen mit Re-viergängen, Jagen und dem Treffen anderer Katzen verbringen.

Also, was tun?

Wie man sich entscheidet, ob drinnen oder draußen, ist einerseits eine Frage der Lebensumstände und der persönlichen Beurteilung der Gefahrenlage. Ist man als Person eher freiheitsliebend oder sicherheitsbewusst, bzw. welche Mischung haben diese Eigenschaften bei uns? Für beide Varianten gibt es gute Gründe.

Entscheidet man sich für draußen, gibt es einige Möglichkeiten die Gefahren zu verkleinern. Man kann mit seiner Katze so etwas wie Verkehrserziehung machen, z. B. die Annäherung an Straßen oder Autos mit warnenden Gesten und Lauten kommentieren. Ob's hilft? Das entscheidet sich im Einzelfall.

Dann gibt es die Variante tagsüber draußen, nachts drinnen. Wenn die Katze das mitmacht, ist das nicht schlecht. Der Verkehr ist ja vor allem in der Nacht für Katzen gefährlich. Sie erkennen nicht, dass blendende Scheinwerfer eine Gefahr bedeuten.

Grundsätzlich wirkt sich die Kastration sehr beruhigend auf das Verhalten der Katzen aus. Es sind keine Sexualpartner mehr zu suchen und die Revierverteidigung wird auch uninteressant.

Auch die Jagdlust wird gedämpft - eine der Maßnahmen, um Singvögel zu schützen. Eine andere ist es, der Katze ein Glöckchen umzuhängen, das nützt zumindest gesunden, erwachsenen Vögeln. Oder Sie spielen so viel mit Ihrer Katze, dass sie zu müde ist zu jagen - zugegeben, etwas unrealistisch.

Das mit dem vielen Spielen kommt allerdings auch auf Sie zu, wenn Sie Ihre Katze ausschließlich drinnen halten. Denn dann sind Sie allein verantwortlich, dass Ihre Katze sich nicht schrecklich langweilt. Ach, Sie haben gar nicht unendlich viel Zeit, mit anderen Worten, Sie sind normal eingespannt? Dann ist bei der „Drinnen-Haltung" die beste Lösung: Katzen mindestens im Doppelpack.

Eins, zwei, drei oder wieviel?

Es ist wunderbar, eine Katze zu halten. Es ist auch schön, mehrere Katzen zu halten. Aber, ab ..... (hier können Sie selbst eine Zahl eintragen) Tieren wird es doch unübersichtlich. Falls dann in regelmäßigen Abständen immer mal wieder ein Jungtier auftauchen sollte, das so tut, als ob es dazu gehört, könnte es ein Zeichen dafür sein, dass Sie die Kontrolle verloren haben und Sie sich mit den Themen Verhütung / Kastration befassen sollten. Mal abgesehen von Züchtern, das Halten von über zehn Exemplaren ist überkandidelten älteren Damen zu überlassen. Wenn es

sich dann noch um reine Wohnungshaltung handelt, man also den armen Katzen nicht mal theoretisch die Chance bietet, dem Chaos zu entfliehen, um sich eine passendere Bleibe zu suchen - noch schlimmer.

Auf der anderen Seite sollten Wohnungskatzen am besten nicht allein gehalten werden - wie im letzten Kapitel schon bemerkt - weil sie sonst immer so allein sind. Denn so aufmerksam, spielwütig, kuschelig und einfühlsam in die Katzenseele Sie bzw. Sie und Ihre Familie auch sein mögen, als Angehöriger der menschlichen Spezies sind Sie doch etwas unvollkommen - Sie sind halt keine Katze.

Das meine *ich*. Der ein oder andere wird mir vielleicht widersprechen: „Meine Katze ist mit mir/uns überaus zufrieden. Sie ist überhaupt nicht allein, denn sie hat mich/uns/unsere Familie!"

Ja, das kann auch sein. Katzen sind, wie schon bemerkt, ziemlich unterschiedlich. Und was die „natürliche" Veranlagung angeht, ist das alles nicht so eindeutig. Die wilden Vorfahren unserer Hauskatze - die Falbkatzen - sind nämlich Einzelgänger. Einzelgänger ist natürlich relativ, denn zur Paarungszeit ist ein Treffen ja unvermeidlich. Und selbstverständlich kümmern sich die Katzenmütter eine angemessene Zeit um ihre Nachkommen - aber das war's dann auch. Interessanterweise leben aber verwilderte Hauskatzen in Gruppen und Verbänden. Die „Rudelkatze"

ist also genauso natürlich wie die „Einsamer-Wolf-Katze". Wenn man also, so als Katzeneinsteiger, eine einzelne Katze hat und will noch herauskriegen, ob diese eine von den Katzen ist, die unbedingt noch einen Spielkameraden brauchen - und man stellt fest, sie braucht einen - dann kann es einem passieren, wenn man ihr einen besorgt, dass sie alles andere als glücklich oder gar dankbar ist. Sondern außerordentlich zickig! Dann hat man ein Problem.

Also, was tun?

Es gibt einige Faustformeln zur Katzenzusammenführung. Ist die Neue noch ein Kätzchen, wird es wahrscheinlich keine Probleme geben, da die Rangfolge von vorneherein klar ist. Je jünger die beiden Katzen sind, desto besser und schneller klappt das Anfreunden.

Bei der Ergänzung neuer Kater zur vorhandenen Katze bzw. umgekehrt gibt es weniger Reibereien, als bei Kater zu Kater oder Katze zu Katze.

Dann muss die Umgebung vorbereitet werden - z. B. ein zusätzliches Katzenklo (übrigens, zwei Katzen sind doppelt so teuer wie eine).

Bevor die Katzen sich das erste Mal begegnen, geben Sie der neuen Katze die Chance, ihr zukünftiges Zuhause in Ruhe und alleine kennen-

zulernen. Beim Erstkontakt sollte man dann unbedingt dabei sein. Alles Konfrontative ist zu vermeiden, also auch für Rückzugsräume sorgen. Beide Seiten mit Futter und Streicheleinheiten ablenken und besänftigen - die Alteingesessene immer zuerst.

Sie als Hausherrin oder Hausherr sind in dieser Situation außerordentlich wichtig, Sie geben beiden Katzen das Gefühl der Sicherheit und so wird aufkeimende Aggression vermieden. Ihre Vermittlung ist entscheidend und die Katzen werden sich an Ihrer Einstellung zur jeweils anderen orientieren.

Hund und Katze können sich auch aneinander gewöhnen, oft sogar Freundschaft schließen. Je nach Größe, Alter, Hunderasse und wer zuerst im Haushalt war, kann es natürlich auch zu Schwierigkeiten kommen.

Bei manchen Hunden gibt es das Missverständnis, Katzen gehörten zum jagdbaren Wild, und da Katzen in den meisten Fällen körperlich unterlegen sind, nimmt man sie in Schutz. Man muss dem Hund ganz entschieden klar machen, dass auch die Katze ein Familienmitglied ist - also zum Rudel gehört. Damit ist sie tabu.

Selbst ein sehr freundlicher Hund hat bisweilen eine so liebenswürdig-distanzlose Art, dass man nicht umhin kommt, ihn ab und an zu bremsen. Er muss lernen, vorsichtig und taktvoll zu sein - das ist nicht immer leicht für einen Hund.

Vögel, Meerschweinchen und Hamster mögen Katzen sehr gern - zum Fressen gern. Wenn Ihnen am Wohlergehen dieser Mitbewohner gelegen ist, vermeiden Sie jegliche Annäherung - selbst im Käfig sind Kleintiere außerordentlich gestresst, wenn eine Katze in der Nähe ist. Allenfalls ein großes Kaninchen wird von einer Katze in Ruhe gelassen - zumindest wahrscheinlich.

Das macht die Katze froh ...

Ein beliebter deutscher Künstler hat einmal so eingängig gereimt: Katzenklo, Katzenklo, ja das macht die Katze froh ... Wie originell man diese Zeilen auch immer finden mag, es ist etwas dran, vorausgesetzt ... und schon muss man etwas weiter ausholen, denn Katzen können ganz schön kapriziös sein, bei weitem nicht immer, aber doch häufig.

Vorweg: Es ist einfach prima, dass Katzen aufs Klo gehen! Denn man muss es deutlich sagen, duften tut das nicht, was die da so machen. So ist die Angewohnheit, es immer am gleichen Ort und in ein dafür vorgesehenes Behältnis voll von geruchsmindernder Katzenstreu zu machen, sehr zu begrüßen. Jungen Kätzchen genau das beizubringen - wenn sie es nicht schon bei der Mutter abgeguckt haben - ist an sich recht einfach. Nach dem Fressen oder Schlafen oder wenn man sieht, aha, es schnuppert, es kratzt, gleich hockt es sich hin, dann zügig - aber sanft - ins Katzenklo.

Die Natur der Katze kommt uns bei unserem Interesse an Sauberkeit sehr entgegen. Tiere, die sich unter anderem oder hauptsächlich von Fleisch ernähren - so wie z. B. Katzen und Hunde - gehen bewusst mit ihren Hinterlassenschaften um. In der freien Natur würden sich die wilden Verwandten unserer Haustiere, so wie Wolf oder Löwe, nie auf dem Ruheplatz des Rudels oder in dessen unmittelbarer Nähe erleichtern. Das wäre schon mehr als unhöflich und würde höllischen Ärger mit sich bringen. Bei den Jungen, die noch nicht so können wie sie sollen, sorgen die Mütter dafür, dass das gemeinsame Freilichtwohnzimmer immer wieder gereinigt wird. So sind auch Katzen mit dem Konzept der Sauberkeit vertraut. Nicht zuletzt deshalb lernen sie auch so schnell den Gebrauch des Katzenklos.

Der Pflanzenfresser ist da ganz anders. Könnte man beispielsweise eine Kuh fragen, was sie da gerade gemacht hat, nachdem sie was gemacht hat, würde sie sich an dieses spezielle „Machen" bestimmt nicht erinnern. Es passiert völlig unwillkürlich, ebenso gedanken- wie hemmungslos, egal wo und wann. So sind auch andere tierische Vegetarier wie Meerschweinchen, Hamster und Kaninchen beim besten Willen nicht zur Stubenreinheit zu erziehen - denn sie wissen nicht, was sie machen.

Bei einer Katze ist das völlig anders. Bevor sie sich erleichtert, wird sie unruhig, nähert sich behutsam dem Ort der Verrichtung. Dort angekommen dreht und wendet sie sich, riecht hier und da, sucht sorgfältig nach dem richtigen Platz und lässt sich durch die kleinsten Unstimmigkeiten stören. Es scheint nicht nur ein außerordentlich wichtiges, sondern auch schwieriges Unterfangen zu sein. Ebenso ist der eigentliche Stuhlgang - so meine Beobachtungen - nicht gerade angenehm. Eher anstrengend verlangt er die volle Konzentration. Um so befreiter wirkt eine Katze danach. Beschwingt und im wahrsten Sinne des Wortes erleichtert verlässt sie den Ort des Geschehens.

Nun zu den eben erwähnten Unstimmigkeiten. Grundsätzlich am liebsten wäre es einer Katze, wenn das Katzenklo nach jeder Benutzung komplett gereinigt würde inkl. vollständigem Austausch der Streu. Aber welcher Katzenhalter hat dazu schon Lust, Zeit und Geld.

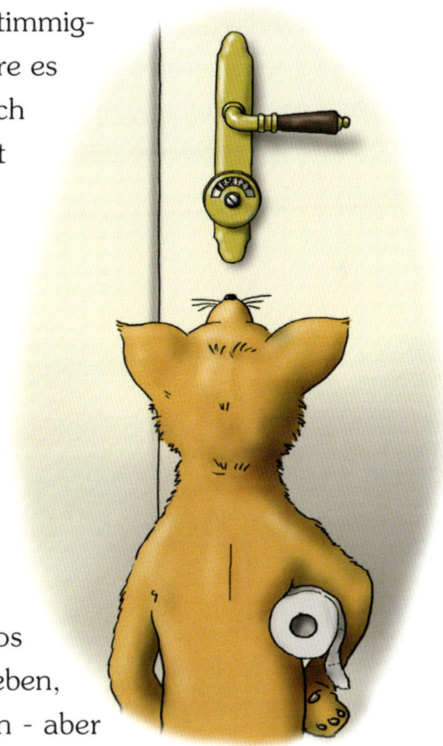

Aber es sollte schon extrem auf Sauberkeit geachtet werden. Wichtig ist der - jederzeit - freie Zugang und natürlich ein Zweit- oder, besser ausgedrückt, ein Ausweichklo - als Katze will man schließlich wählen können. Das bedeutet, wenn Sie zwei Katzen haben, brauchen Sie drei Katzenklos usw. Es soll allerdings auch Katzen geben, die sich *ein* Katzenklo teilen können - aber wie schon erwähnt, Katzen sind verschieden.

Und nun zu etwas anderem, es gibt ja noch mehr Dinge, die Katzen froh machen, als die optimalen Bedingungen für einen entspannten und erfolgreichen Stuhlgang.

Das sind die besonderen Plätze. Neben einem amtlichen Schlafplatz - kuschlig, ruhig, warm, ein Korb oder Ähnliches - sind das Plätze, von denen die Katze einen guten Überblick hat, um z. B. das Treiben in der Wohnung zu verfolgen. Und da da oft gar nicht so viel treibt, ist es vor allem für Wohnungskatzen geradezu unerlässlich schöne Fensterplätze zu haben, um das außerhäusige Treiben zu beobachten. Diese Plätze

sind am besten erhöht und ruhig. Als Katze wird man bei dem vielen Beobachten auch schon mal schläfrig und will ein wenig dösen. Sobald allerdings etwas Spannendes passiert, kann man von einer strategisch gut gelegenen Stelle sofort ins Geschehen eingreifen - oder es weiter beobachten.

Üblicherweise sucht sich eine Katze ihre Plätze selbst, aber wenn das Fensterbrett mit großen Blumentöpfen belegt ist, muss man als Katzenhalter schon mal mitdenken und ein wenig freiräumen.

Noch etwas sollte man seiner Wohnungskatze zu Verfügung stellen: ein kleines Beet mit Katzengras. Das hat zwei Gründe, zum einen müssen Katzen zu ihrer ansonsten tierischen Nahrung ab zu etwas davon fressen, um ihren Darm anzuregen bzw. zu regulieren.

Der zweite Grund ist naheliegend, wenn sie eben geschildertes Bedürfnis mit dem Katzengras stillen, sind die heißgeliebten Topfpflanzen vor Übergriffen sicher ... oder sicherer.

Also, was tun?

Beobachten Sie Ihre Katze, studieren Sie ihre Gewohnheiten und Sie werden bestimmt das ein oder andere erkennen, was beim Katzenwohlfühlprogramm noch zu optimieren ist. Man kann das nämlich nicht alles per Liste festlegen und dann abarbeiten, denn - ich glaube, ich habe es schon erwähnt: Katzen können sehr verschieden sein.

Nun noch zur Kehrseite, wenn Katzen etwas tun, was sie nicht sollen. Besonders unbeliebt machen sie sich, wenn sie sich nicht an die ortsüblichen Sauberkeitsstandards halten. Dabei ist grundsätzlich zu unterscheiden: Wird da das Revier markiert oder ist Ihrer Katze nicht klar, dass für das Katzenklo ein eindeutiges „Nur hier!" gilt.

Das Markieren der eigenen Wohnung, also des eigenen Reviers, geschieht meist nur dann, wenn eine Katze in irgendeiner Weise verunsichert ist. Grund dafür kann eine neue Katze sein, ein neues Möbelstück, ein Handwerker, der dauernd in der Wohnung ist - Ihre detektivischen Fähigkeiten sind hier gefragt. Also nicht ärgern/schimpfen, sondern - wenn Sie es gerade sehen - eingreifen und ansonsten Zuneigung und Sicherheit vermitteln - nicht unbedingt ganz einfach.

Bei unpassend verteilten Stoffwechselendprodukten ist die Handlungsweise ähnlich: Suche nach Ursachen - vom Naheliegendem wie einer verschlossenen Badezimmertür bis zu komplizierten Wechselwirkungen im Beziehungsgeflecht zwischen Ihnen, Ihrer Katze, eventuellen Mitkatzen und/oder -bewohnern. Wenn da einmal der Wurm drin ist, dauert es bisweilen ziemlich lange, bis er wieder draußen ist. Neben der Suche und der Beseitigung von Ursachen sollte man natürlich - liebevoll aber bestimmt - eingreifen und mögliche Missetaten im Ansatz unterbinden. Man kann seiner Katze auch den Spaß am Verbotenen verderben, wenn die besagten Stellen z. B. mit Plastik- oder Alufolien präpariert werden - darauf gehen sie sehr ungern. Auch ist es ratsam die Orte, die Ihre Katze unerlaubterweise gewählt hat, gründlichst zu reinigen. Bleibt nur der geringste Geruch, hat das einen gewissen Aufforderungscharakter fürs nächste Mal - das gilt auch bei Markierungen.

Wie rette ich meinen Sessel?

Oft sieht man in Haushalten mit Katzenbeteiligung einige Möbel - vorzugsweise Korb- und Polsterware - die eine durch nicht sachgerechten Umgang veränderte Oberfläche aufweisen, nämlich eine raue. Manchmal auch eine schon arg zefledderte.

Ist ihre Katze noch völlig unverdorben und von keinerlei Erziehungsbemühungen in die zivilisatorische Zwangsjacke gesteckt, wird sie es Ihnen auch gerne öffentlich vorführen, wie sie das mit den Möbeln hinkriegt: Mit sichtlichem Vergnügen schärft sie ihre Krallen daran, schlägt tiefe Furchen, testet intensiv Art und Struktur der jeweiligen Materialien auf Stabilität und Widerstandsfähigkeit - und man muss leider feststellen: Die Katze gewinnt immer. So erledigt - fast könnte man sagen erlegt - sie ein Möbelstück nach dem anderen.

Wenn sie allerdings mitbekommt, dass Sie kein Vergnügen daran haben, wird sie es zwar höchstwahrscheinlich weiter machen, aber in der Regel doch so taktvoll sein, es nicht in Ihrer Anwesenheit zu tun.

Generell ist das Kratzen an Gegenständen ein durch und durch natürliches Verhalten bei Katzen. Es dient dem Krallenschärfen und fühlt sich offensichtlich sehr angenehm an (zumindest für die Katze).

Aber auch Katzenbesitzer haben Gefühle und nicht nur solche, die sich auf das Wohlergehen ihrer Lieblinge beziehen, sondern auch auf den Erhalt liebgewonnener Möbel und sonstiger Einrichtungsgegenstände.

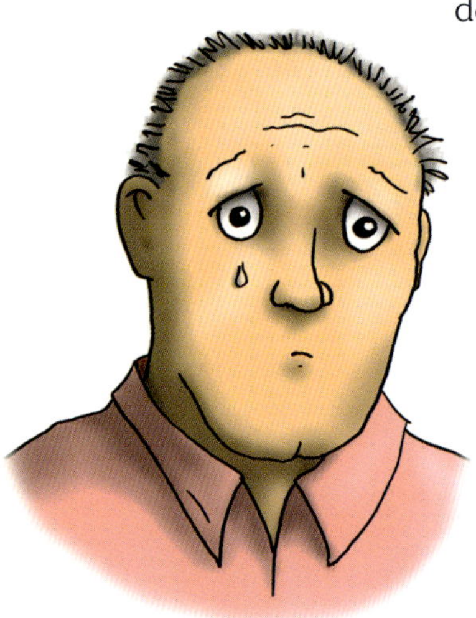

Bei einer Katze, die ein Gutteil ihrer Zeit draußen verbringt, also im Garten oder in der Natur mit Zugang zu herrlich schrumpeligen Baumrinden, kann man mit Recht und auch mit Aussicht auf Erfolg darauf hinwirken, dass sie ihre Schärfübungen in den Innenräumen unterlässt. Sie kann es ja draußen tun.

Was aber ist mit einer reinen Wohnungskatze? Das Verbieten verbietet sich - es ist unrealistisch. Das Krallenschärfen

ist nicht nur gesund und angenehm, für die Katze ist es ein natürlicher Trieb und bekanntlich lässt sich so etwas nicht unterdrücken. Also dann doch alle Nase lang neue Möbel kaufen oder nur noch welche aus Glas und Stahl? Natürlich nicht. Die Alternative ist ein Katzenbaum. Der hat eine Oberfläche aus Sisal bzw. ist mit groben Schnüren umwickelt und ist zum Kratzen so wunderbar geeignet, dass Katzen meist von ganz allein dazu übergehen, nur noch ihren Katzenbaum zum Krallenschärfen zu nutzen.

Also, was tun?

Einen Katzenbaum kann man mit etwas Geschick und einem gut ausgestatteten Hobbykeller durchaus selber bauen. Sollte es an den Örtlichkeiten und/oder dem Talent mangeln, gibt es entsprechende Katzenmöbel im Tierfachhandel.

Wichtig dabei: Er muss groß genug, stabil sowie von robuster Oberfläche sein und umkippsicher aufgestellt werden. In der Regel sind lobenswerterweise bei solchen im Handel angebotenen Katzenbäumen auch noch diverse Extras eingebaut. Hochgelegene, weich gepolsterte Liegeplätze mit Übersichtsqualität, nette Klettermöglichkeiten ohne die Gefahr von Lass-das-Gemecker behelligt zu

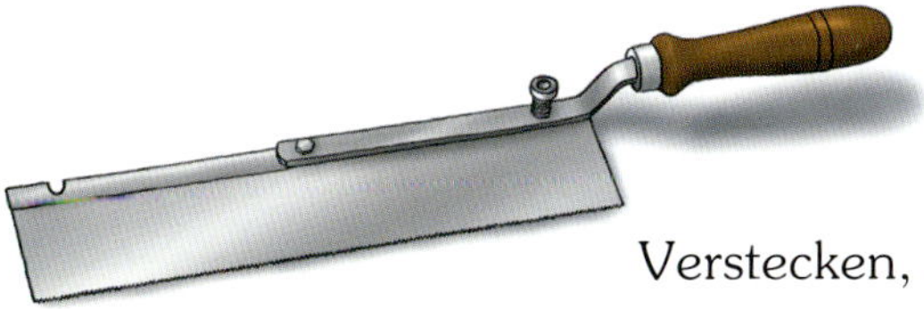

werden oder auch kleine Höhlen zum Verstecken, zum Schlafen bzw. als intimer Rückzugsraum, falls der Katze mal alles zu viel ist.

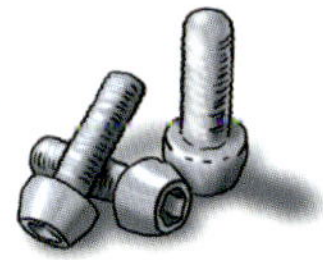

Der Katzenbaum ist ein gutes Beispiel dafür, wie man mit einer Katze ein harmonisches Zusammenleben gestaltet. Man findet Kompromisse und wird den menschlichen und tierischen Bedürfnissen gerecht.

Spielen

Es gibt ja viele gute Gründe, sich mit einer Katze zusammenzutun. Einer der besten davon ist, die Art und Weise, wie sie spielen bzw. man mit ihnen spielen kann. Mit einem Hund geht man Gassi, man wirft einen Stock - mit etwas Glück bringt er ihn wieder zurück - man tobt und rauft mit ihm, es ist oft etwas grob, aber alles sehr nett und herzlich.

Mit einer Katze aber ist das Spielen anders, irgendwie spielerischer. Da wo ein Hund Hals über Kopf jagt, springt und hetzt, schleicht sich eine Katze an, beobachtet genau, wartet bewegungslos auf den richtigen Moment, um dann hervorzuschießen. Dann wieder Stillstand, nur die Augen bewegen sich - und schließlich geht es wieder von vorne los. Das ist alles ungemein subtil und spannend.

Aber warum spielt eine Katze überhaupt? Es ist wohl immer ein Nachempfinden von Jagd und Kampf - übrigens genauso wie beim Hund. Doch beim Spiel geht es nicht darum, Nebenbuhler auszuschalten, oder sich dringend benötigte Nahrungsquellen in Form von Beutetieren zu erschließen, also um den Ernst des Lebens. Unsere beiden liebsten Haustiere sind zum größten Teil vom Stress der Existenzsicherung befreit. Der Mensch, als liebenswürdiger Chef und zuverlässiger Nahrungsbeschaffer, sorgt für angenehme Sorglosigkeit.

In freier Wildbahn spielen nur Jungtiere, um bestimmte Fähigkeiten zu erlernen, um die Rangordnung festzulegen und wahrscheinlich, weil es Spaß macht. Erwachsene Tiere spielen nicht.

Die haben Besseres zu tun - oder sagen wir lieber: Wichtigeres. Jagen, Junge versorgen, Rang- und Revierkämpfe austragen und anschließend ruht man sich aus. Und dann spielt man vielleicht doch ein bisschen mit dem Nachwuchs.

Hund und Katze dagegen bleiben bis ins hohe Alter in gewisser Weise Jungtiere, da sie sich immer noch in der Obhut ihrer „Eltern", sprich ihrer menschlichen Halter befinden. Dieser fehlende Ernst des Lebens ist die Voraussetzung für die Neigung zum Spielen.

So sind z. B. Katzen, die viel draußen sind, jagen und Revierkämpfe ausfechten oder Hunde, die als Hütehunde ihren Dienst tun, gar nicht oder viel weniger am Spiel interessiert. Das liegt nicht nur an der höheren körperlichen Auslastung - sie haben sozusagen einen Beruf und führen damit das Leben eines Erwachsenen.

Was generell zu der tierischen Spielfreudigkeit von Hund und Katze beiträgt, ist die Anpassung an ihre Bezugspersonen. Wir Menschen spielen in der Regel auch bis ins hohe Alter gerne. Weil wir ein Leben lang Kind bleiben? Ein bisschen ist das wohl so. Spiel bedeutet ja, sich in Abenteuer stürzen zu können, ohne ernste Konsequenzen fürchten zu müssen, Überraschendes zu erleben, Neues zu entdecken, sich gefahrlos auszuprobieren und immer noch etwas dazuzulernen - eben wie ein Kind. So, jetzt lass ich es mal, sonst wird das mit dem Thema Spiel noch zu ernst.

Also, was tun?

Spielen - ich wünsche Ihnen viel Spaß dabei!

… vielleicht doch noch einige Gedanken dazu. Spielen ist wichtig! Vor allem bei einer Wohnungskatze und erst recht, wenn sie allein bei Ihnen lebt. Es stärkt die Bindung, macht Spaß, dient der Gesundheit (wegen der Bewegung), hellt das Gemüt auf - alles gute Gründe zu

spielen, sowohl für Sie als auch für Ihre Katze.

Es gibt allerdings einige wichtige Regeln beim Spiel mit Katzen. Mehrmals am Tag ist gut, ruhig immer zur selben Zeit, wenn es sich einrichten lässt - wie schon erwähnt, Katzen lieben das Regelmäßige.

Dafür braucht es nicht lange zu sein, eine viertel Stunde ist schon prima. Danach hat eine Katze auch meist schon genug, muss sich putzen, braucht eine Pause und überhaupt, es soll ja kein Stress werden. Das Gleiche gilt, falls sie gar nicht spielen will: bitte in Ruhe lassen.

Dann wäre noch auf Folgendes zu achten. Wenn Sie z.B. das Jagen einer imaginären Maus nachstellen mit Hilfe eines flauschigen Irgendwas an einer Schnur, so muss Ihre Katze diese Maus auch ab und zu fangen - also das Spiel gewinnen - sonst verliert sie die Lust. Das Spiel sollte abwechslungsreich sein, interessant und überraschend, mit kleinen Erfolgserlebnissen gespickt, auf keinen Fall abrupt beendet werden - das ist frustrierend - und den Vorlieben und dem Temperament der Katze entsprechen.

Ach ja, passen Sie auf Ihre Hände auf. Eine Eigenart einer spielenden Katze ist, dass sie Ernst, macht was den Einsatz von Zähnen und Krallen angeht. Es fällt einer Katze schwer, im Eifer des Gefechts zwischen Ihren schmerzempfindlichen Händen und einer Spielzeugmaus zu unterscheiden. Es gibt Katzen, die verstehen das fast von alleine und es gibt welche, die können es lernen: durch wiederholte Hinweise wie Zischlaute, durch Anpusten oder durch das Unterbrechen des Spiels - immer, wenn ich die Hand meines Menschen beiße/kratze, hört der auf zu spielen, wie nervig. Es sollte aber keinesfalls etwas sein, was irgendwie als ein Teil des Spiels gedeutet werden kann.

Natürlich ist es ein Erziehungsziel, dass die Katze mit ihren Krallen vorsichtig umgeht. Bei einigen Exemplaren wird es allerdings darauf hinauslaufen, dass man selber vorsichtig ist. Das ist nicht optimal, aber besser als zerkratzte Hände.

Mahlzeit

Dass Wichtigste zum Schluss: das Fressen.

Man könnte meinen, dieses wäre ein einfaches, übersichtliches Kapitel. Nach dem Motto, Katzen fressen dies und jenes, zu diesen oder jenen Tageszeiten - weit gefehlt.

Bei Hunden ist es recht einfach, die fressen im Allgemeinen immer alles halbwegs Genießbare, was sie bekommen und man wundert sich, was sie alles genießbar finden. Das ist die Regel, ab und zu mal eine Ausnahme, wie das bei Regeln so üblich ist. Bei Katzen ist es aber fast die Regel, dass es nur Ausnahmen gibt. Die einen sind dermaßen mäkelig, wenn man sich nicht fürchterliche Mühe gibt, für erlesene Köstlichkeiten zu sorgen sowie für ein Appetit förderndes Ambiente, essen die einfach nicht, magern ab und schauen einen leidend an, als wollten sie sagen: „Gib dir doch mal ein wenig Mühe, wenn dir auch nur ein bisschen was an mir liegen würde, könntest du dir doch denken, was ich jetzt brauche ..." Katzen können sehr theatralisch sein.

Doch ob solch eine anspruchsvolle Katze wirklich lieber verhungern würde, als auf ihre Allüren rund um die Nahrungsaufnahme zu verzichten,

wage ich zu bezweifeln. Aber um ein Kräftemessen dieser Art auszuhalten, braucht man schon sehr starke Nerven - das ist nichts für einen sensiblen Katzenliebhaber. Es blutet einem das Herz, wenn die geliebte Katze immer schmaler wird, wer wollte das nicht verstehen.

Das andere Extrem gibt es auch. Katzen, die sich fast aufführen wie Hunde, am Tisch betteln, grundsätzlich den Napf leer fressen, egal wie viel oder welche Sorte Futter. Solche Katzen werden nicht zwangsläufig dünner bei ihrem Verhalten.

Zwischen den beiden geschilderten Extremen gibt es natürlich noch jede Menge Abstufungen und Varianten. Unsere menschliche Nase scheint wie geschaffen dafür, dass Katzen auf ihr herumtanzen.

Apropos Tanzen. Auf einen Zusammenhang in puncto Übergewicht muss schon hingewiesen werden: Mit körperlicher Bewegung verbraucht man Kalorien - das ist bei Katzen nicht anders. Eine reine Stubenkatze, vorzugsweise kastriert, die ohne Artgenossen mit einem phlegmatischen - oder freundlicher gesagt - sehr gemütlichen Menschen zusammenlebt, wird bei gutem Appetit und entsprechend reichhaltiger Versorgung eventuell Gewichtsprobleme bekommen.

Also was tun?

Die gute Nachricht, es ist normalerweise nicht halb so kompliziert, wie ich es oben angedeutet habe.

Vorweg, was gibt's zu trinken? Wasser, ein paar Schälchen in der Wohnung aufstellen und stets für frisches Wasser sorgen. Milch gibt es nur an besonderen Festtagen als Bestandteil des Katzenverwöhnprogramms - natürlich nur für laktosetolerante Katzen.

Was die Versorgung mit den für eine Katze lebensnotwendigen Nährstoffen angeht, ist ein Großteil des handelsüblichen Feucht- und auch Trockenfutters durchaus empfehlenswert. Immerhin wird dieses Katzenfutter ja von Katzenfutterexperten gemacht und da kann man zu Recht erwarten, dass alles drin ist, was eine Katze so braucht. (Übrigens, geben Sie kein Hundefutter - das ist was für Hunde.)

Trockenfutter hat einige Vorteile: Es wird nicht schlecht im Napf, riecht kaum, schmiert nicht rum und beugt auch noch - in bestimmten Ausführungen - gegen Zahnstein vor. Aber - und das ist der entscheidende Nachteil - es enthält fast keine Flüssigkeit. Und da Katzen eher wenig trinken - für Trockenfutter auf jeden Fall zu wenig - sollte man mindestens zwei Drittel Feucht- und höchstens ein Drittel Trockenfutter geben.

Sich die Mühe machen, das Futter selbst zuzubereiten, weil es Spaß macht oder weil man meint, es besser zu können, ist keinesfalls abzulehnen. Handelsübliches Katzenfutter ist ein Industrieprodukt mit den dabei üblichen Nachteilen (Konservierungsstoffe, Aromen, künstliche Aromen, Stabilisatoren usw.), aber eben auch mit dem Vorteil der Ausgewogenheit. Wer's also selber macht, sollte sich eingehend informieren. Z. B. immer nur bestes Muskelfleisch ist keineswegs das Beste. In der

Natur bekommen Katzen bzw. Wildkatzen eine passende Mischung aus Eiweiß, Fett und Kohlehydraten. Man mag es sich gar nicht so recht vorstellen, aber der vorverdaute Darminhalt wird als wichtiger Kohlehydrat-, Vitamin- und Mineralienanteil mitgefressen - dann vielleicht doch lieber Dosenfutter. Das heißt allerdings nicht, dass man nicht ab und zu ein leckeres Extra kredenzt, ein bisschen Leber, einen grätenlosen Fisch oder ähnliche Köstlichkeiten.

Noch ein kleiner Nachtrag: Kann man eine Katze vegetarisch oder sogar vegan ernähren? Wie nicht anders zu erwarten, gehen die Meinungen darüber weit auseinander. Wo z. B. die Tierschutzaktivisten von „Peta" das durch und durch positiv sehen, halten andere vegane Ernährung von Katzen für einen genehmigungspflichtigen Tierversuch.

Grundsätzlich ist der Stoffwechsel von Katzen auf tierische Eiweiße und Fette und die darin enthaltenen Vitamine und Mineralien eingestellt. Man kann das theoretisch durch entsprechende Stoffe aus dem Pflanzenreich ersetzen - aber man muss sich schon sehr gut auskennen.

Ich halte Experimente in dieser Richtung, gerade weil es über die Auswirkungen auf lange Sicht keine gesicherten Erkenntnisse gibt, für äußerst fragwürdig.

NACHWORT

Nachdem Sie nun dieses Buch zu Ende gelesen haben, könnten Sie sich auf einen Schaukelstuhl oder einen bequemen Sessel setzen, mit einer Tasse Tee oder Kaffee, und Ihrem verschmusten Mitbewohner Bescheid geben, doch mal auf Ihrem Bauch Platz zu nehmen und ihn zu wärmen. Und während Sie Ihre Katze kraulen, die genüsslich räkelnd zu schnurren beginnt, eröffnet sich Ihnen die Erkenntnis, was für ein großes Glück es doch ist, mit einem solchen Wesen zusammenzuleben. (Denen, die vielleicht noch gar keine Katze haben, wird empfohlen, sich das Geschilderte vorzustellen.)

Alles in allem ist es nämlich ganz leicht, mit einer Katze umzugehen. Neben allen nützlichen Tipps, neben allen praktischen Verhaltensregeln und Erziehungsratschlägen, ist es am wichtigsten, seinem Bauchgefühl zu vertrauen. Dann kann gar nicht mehr allzuviel schiefgehen. Das machen Katzen übrigens genauso - zumindest haben sie ihre Kenntisse über Menschen nicht aus Büchern und kommen trotzdem sehr gut mit uns klar.

Also, bei aller Berechtigung, sich theoretische Gedanken zu machen, eine Katze zu halten ist keine Wissenschaft, es ist vor allem ein Vergnügen!